不可思议的树木
奇妙的自然系列
Des arbres

[法] 奥利维埃·罗斯/著 [法] 艾玛纽埃尔·塞里杰 等/绘 赵然/译

中国出版集团　现代出版社

插图绘制

艾玛纽埃尔·塞里杰（Emmanuel Cerisier）
封面、第 8 ~ 11 页、第 14 ~ 17 页、第 26 ~ 29 页、
第 34 ~ 41 页、第 46 ~ 47 页、第 50 ~ 51 页

杰基·汝松（Jacky Jousson）
第 54 ~ 63 页

菲利普·雷（Philippe Lhez）
第 4 ~ 7 页、第 12 ~ 13 页、第 18 ~ 25 页、
第 30 ~ 33 页、第 42 ~ 45 页、第 48 ~ 49 页

目　录

- 树木的诞生 ⋯⋯⋯⋯⋯⋯⋯⋯⋯⋯⋯⋯⋯⋯ 4
- 第一章　树木的历史 ⋯⋯⋯⋯⋯⋯⋯⋯⋯ 6
  - 森林与人类 ⋯⋯⋯⋯⋯⋯⋯⋯⋯⋯⋯⋯ 8
  - 神奇的树 ⋯⋯⋯⋯⋯⋯⋯⋯⋯⋯⋯⋯⋯ 10
  - 神秘之地 ⋯⋯⋯⋯⋯⋯⋯⋯⋯⋯⋯⋯⋯ 12
  - 植物的宝藏 ⋯⋯⋯⋯⋯⋯⋯⋯⋯⋯⋯⋯ 14
  - 树木的匮乏 ⋯⋯⋯⋯⋯⋯⋯⋯⋯⋯⋯⋯ 16
  - 令人惊奇的树木 ⋯⋯⋯⋯⋯⋯⋯⋯⋯⋯ 18

- 第二章　无数的树木，一整片森林 ⋯⋯ 20
  - 树木，你是谁 ⋯⋯⋯⋯⋯⋯⋯⋯⋯⋯⋯ 22
  - 树心游记 ⋯⋯⋯⋯⋯⋯⋯⋯⋯⋯⋯⋯⋯ 24
  - 树木疾病 ⋯⋯⋯⋯⋯⋯⋯⋯⋯⋯⋯⋯⋯ 26
  - 从花朵到种子 ⋯⋯⋯⋯⋯⋯⋯⋯⋯⋯⋯ 28
  - 森林的种植 ⋯⋯⋯⋯⋯⋯⋯⋯⋯⋯⋯⋯ 30
  - 乔林种植 ⋯⋯⋯⋯⋯⋯⋯⋯⋯⋯⋯⋯⋯ 32
  - 越来越漂亮，越来越高大 ⋯⋯⋯⋯⋯ 34
  - 不可缺少的森林 ⋯⋯⋯⋯⋯⋯⋯⋯⋯⋯ 36

- 第三章　不可思议的树木 ⋯⋯⋯⋯⋯⋯ 38
  - 砍呀砍 ⋯⋯⋯⋯⋯⋯⋯⋯⋯⋯⋯⋯⋯⋯ 40
  - 在锯木厂 ⋯⋯⋯⋯⋯⋯⋯⋯⋯⋯⋯⋯⋯ 42
  - 用木材建造房屋 ⋯⋯⋯⋯⋯⋯⋯⋯⋯⋯ 44
  - 万能的材料 ⋯⋯⋯⋯⋯⋯⋯⋯⋯⋯⋯⋯ 46
  - 从树木到纸张 ⋯⋯⋯⋯⋯⋯⋯⋯⋯⋯⋯ 48
  - 森林的未来 ⋯⋯⋯⋯⋯⋯⋯⋯⋯⋯⋯⋯ 50

- 法国的 30 种树木 ⋯⋯⋯⋯⋯⋯⋯⋯⋯⋯ 52
  - 树木身份信息 ⋯⋯⋯⋯⋯⋯⋯⋯⋯⋯⋯ 56

树木的诞生

橡树的生长过程

橡树的果实——橡果落在地上。它慢慢萌芽,开始征服蓝天与大地。它的根从萧瑟的秋天起开始深深植入土壤。它的枝干与绿叶在第二年春天就会高耸入云。它的寿命将会很长很长,从一棵脆弱的小树慢慢变成庞然大物。

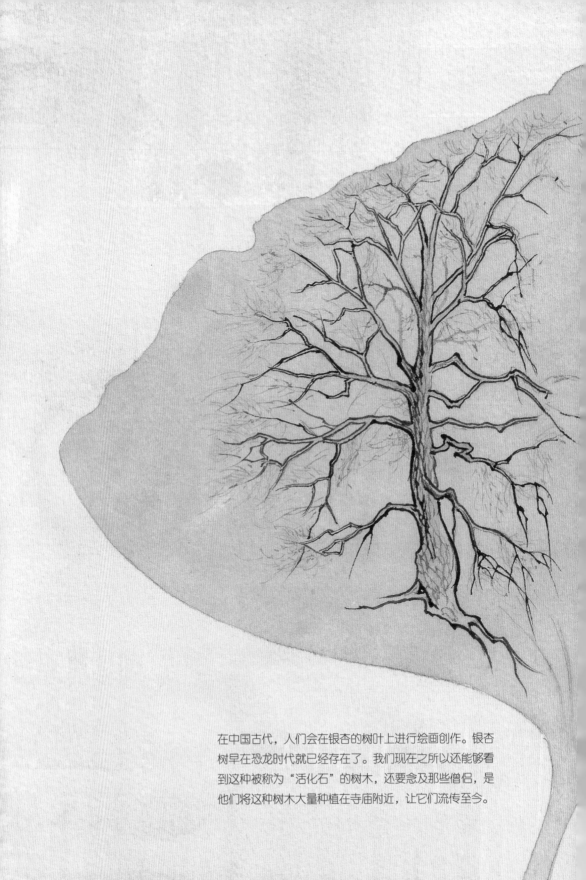

在中国古代，人们会在银杏的树叶上进行绘画创作。银杏树早在恐龙时代就已经存在了。我们现在之所以还能够看到这种被称为"活化石"的树木，还要念及那些僧侣，是他们将这种树木大量种植在寺庙附近，让它们流传至今。

第一章

树木的历史

聆听树木与绿叶吧。
大自然之声
只说给那些静心深思的人
大自然之声只鸣唱于树木之间。

维克多·雨果
《海洋》

森林与人类

森林的历史可要比人类的历史久远得多。早在 3 亿年前的石炭纪时期，森林里满是高大如树的蕨类植物。之后则慢慢出现了球果植物，这种植物的果实均呈圆锥体。这些球果植物在恐龙时代几乎占领了整个森林。与此同时，森林中后来又逐渐出现了阔叶树，这些树的种子都被其结出的果实完整包裹着。

史前人类利用蠢钝的斧子伐倒一棵大树是一件既辛苦又漫长的工作。

最早的破坏

对于人类来说，森林不过是为他们提供食物的沃土。直至公元前 5000 年，古代的男人和女人们还在靠狩猎和采集野生植物为生。他们到处采收浆果，将橡果烤熟来吃，之所以要把橡果烤熟，主要是为了去除它的苦味，另外他们还会采集山毛榉的果实来榨油。再之后的新石器时代，最早的农业种植与养殖出现了，人们把饲养的牲畜带到森林里啃食新鲜的植物，并且当时的人类还需要更大的空间种植作物。于是，他们开始大片砍伐森林来种植农作物，伐林垦荒就这样开始了！至此，人类与森林的关系也发生了变化。森林中的视野越来越开阔，空地越来越多，光线也越来越明亮。

斧子与烈火

人类最早都是游牧民族，他们游荡在森林里，不过，当他们准备定居下来的时候，便决定利用斧子与烈火征服森林。真正的古代农业大概起源于公元前 8000 年，当时的人类已经在森林中的空地处建立村庄，定居下来。一般认为，人类最早的大型垦荒活动发生在公元前 6000 年~公元前 2000 年，不过法国不同地区的垦荒历史时间都有所不同。也正是从那时候起，森林的面积就开始逐渐减少了。

由于农耕需要，新石器时代的人类开始利用火进行开荒活动。这一方法在如今很多发展中国家还在使用。

从大树参天的森林到荆棘丛生的低矮灌木

大约 7000 年前,地中海盆地一带还不像今天这样只生长着荆棘丛生的灌木,那时候的地中海地区放眼望去都是由青绿的橡树与挺拔的松柏组成的茂密森林,但是人们密集的开发与放牧活动让这片原始森林永久地消失了。公元前 2 世纪的时候,罗马帝国的皇帝哈德良发现黎巴嫩地区的柏树越来越少了。于是,他便以自己的名义下令圈定出一片储备林以保护四大种类的树木:雪松、杉树、刺柏与橡树。

森林是什么

森林是一处生命繁多的野生环境,树木是森林中的"统治者",在这里我们能看到多种多样的动物与植物。森林中的野生蘑菇很多,它们不光是将土壤变得肥沃的主要角色,也是分解树木的重要参与者……森林的形成与气候及土壤条件有着千丝万缕的关系。比如,西伯利亚地区遍布着泰加森林(亚寒带针叶林的一种),这是一种包括针叶树与桦树的森林形态。而欧洲地区则广泛分布着温带森林,这种森林形态中主要生长的树木都为落叶阔叶树。

从花粉中发现

现代的人们在泥炭层,也就是堆积着经过较少分解的植物的自然环境中发现了一些花粉化石。通过孢粉学专家的研究,人们发现史前的那次冰川期后,森林又重新占据上风。要知道,由于当时的天气酷寒,欧洲的树木基本上完全消失了!14000 年前,随着气候的逐渐转暖,一些先锋树种逐渐出现了,榛树与桦树是最早生长起来的,随后是橡树、山毛榉和杉树。

公元前 1 世纪,尤利乌斯·恺撒征服高卢的时候,这片土地 2/3 的面积上都覆盖着森林。然而罗马人更喜欢开阔一些的空间,他们嫌弃森林过于黑暗,也过于恐怖。所以,在罗马人征服高卢之后,高卢一带的森林面积就减少了一半,这主要是因为当时罗马人发展经济、开辟道路以及开林拓荒造成的。

神奇的树

神圣的采摘

凯尔特人最重要的节日就是每年11月1日的萨温节。之所以选择这个日子，是因为古代凯尔特人认为这一天极为与众不同，既不是一年的结束，也不是一年的开始。并且，当时的人们还认为这一天是人类与神灵之间的联结。每到这天，古代凯尔特人的德鲁伊教祭司就会从橡树上摘下寄生在上面的槲寄生，因为这种植物是神灵的代表。另外，它也是肥沃多产的象征。祭司们会用一条小金蛇来采摘槲寄生，这也是一个颇具意义的举动，代表着老师将智慧授予自己的学生。

最早的家谱出现在15世纪。这是一种利用树木及其分杈结构形态记载家族成员关系的系统。

最早的人类文明与植物息息相关。可以说，人类非常重视树木这种庞然大物，神话中的许多神祇精怪都是树的化身，当然，它们其中有善良的也有邪恶的。

它们是不祥的吗

在德国的传统文化中，胡桃树是一种特别不好的树木，相反，橡树则是极好的树木。谁要是胆敢在胡桃树下乘凉，哪怕只占到一点点树荫都会死掉，因为胡桃树下的树荫都是为巫师们小憩准备的。在希腊，桤木被视为人类死后的生命延续，并且它还是凯尔特人的圣树呢。但是，北欧神话中却将桤木塑造成了一种不幸之树，每当人们要砍它的时候，它都会流下血一样的眼泪。

无花果树是埃及文明中的神圣之树，只有权势最高的人才能用这种树的木头打造棺材。

《圣经》中曾经写到有一棵"知善恶树"。正是它隐藏着神授的秘密。亚当和夏娃就是吃了它结出的禁果才被上帝赶出天堂一般的伊甸园。然而这棵树是不是无花果树呢？

树上的世界

世界上许多人类文明中都有这样一种树,它代表着整个世界,人们通常称其为"宇宙树"。这棵树并不是真实存在的,而是人们臆想出来的。宇宙树相当庞大,在它的树冠上悬挂着太阳与众多星辰。那些人类死后幻化成的动物则站在树上啃食大树的叶子。通晓过去、现在以及未来的大地女神则住在树干里。宇宙树的树根孕育出原生之水,并勾连着死亡之国。庞杂的树根间正是蛇与龙这两种动物的居所。宇宙树一般都生长在高高的山顶,向人们彰显其世界中心的地位。威尔士人心目中的宇宙树就是桦树,住在智利的马普切人则把南洋杉视为宇宙树,雪松是苏美尔人的宇宙树,而撒克逊人的宇宙树则是椴树。

死亡之树

在希腊,象征着地狱的黑暗女神赫卡忒的圣物便是紫杉树。凯尔特人也坚信由德鲁伊教祭司之神莫格·瑞斯掌管的生命之轮也是用紫杉木制成的。只要什么时候这个轮子停止转动了,那么全世界也要走向终结,所以,紫杉与死亡息息相关,它不光象征着每年的结束,冬至的到来,甚至还代表着人类的死亡。这也就是为什么人们会在墓地旁种植大量的紫杉。此后,基督教徒们也将教堂的墓园建造在紫杉林旁。

白蜡树是斯堪的纳维亚人的宇宙树,印度教的经典薄伽梵歌中也有一棵根植天堂的树,它被人们视为生命与存在之树,同宇宙树极为相似。其永久翠绿的树枝向上无限延伸,而根则一直生长到地狱,这种树树冠的最高点与天融为一体。

神秘之地

在森林的庇护下

在人类虚构出来的故事中，森林是众多精怪神仙的居所。古希腊的人们在砍伐橡树之前都会先通过祭司确认森林里的山林女仙是否已经离开。即便是在如今的书籍、电影或是童话故事中，森林也是仙女、小矮人、精灵们的住所，啊，对了，还有巫师和巨龙！

中世纪时，著名传奇诗人克雷蒂安·德·特鲁瓦所写的书籍中就讲述了圆桌骑士兰斯洛特爵士与珀西瓦里的冒险故事。这些勇士历经千难万险，而他们所展开的大部分传奇冒险都是发生在布劳赛良德的魔法森林中的。

人类与森林一直以来都保持着密切的关系，有时候这种关系甚至难以让人琢磨清楚。一方面人类敬仰且畏惧森林，把它们当作是神圣的地方，可是另一方面，为了满足其扩张的需要，人类又经常会去破坏森林。并且，森林的深处曲折蜿蜒，不仅会让人迷路转向，也是不可多得的藏匿之地。

神圣的森林

凯尔特人的神圣森林被称为"nemeton"，居住在奥尔良一带的卡尔努德斯人就有类似的圣林。一般来说，德鲁伊教祭司会于圣林中聚集起来选举最高首领。圣林中不光只有参天的树木，也有一片片的林间空地，有些圣林的地理位置只有权势极高的祭司才知晓。圣林中的树木是严禁被砍伐的，如果谁胆敢在这里砍采树木，一定会被判以最严重的刑罚，甚至是死刑。但是，如若人们不得不对圣林中的林木进行砍伐，那么就一定要展开祭祀仪式，也就是为林里的树木奉上祭品。长久以来，德鲁伊教祭司都住在圣林的林间空地处，将本教的宗教奥义以口传的方式教授给自己最得意的门徒。公元789年，查理大帝打算大力推行基督教，于是他便下令要求将所有异教徒的树木全部砍伐干净。也正是如此，在查理大帝的统领下，撒克逊人所崇拜的椴树圣林就这样被完全破坏了。

教徒们的僻静之地

对于那些渴望审视内心，获得平静并与上帝更加贴近的教徒们来说，森林是一处绝佳的僻静之地。11世纪至12世纪期间，西方的森林中零星散布着许多小房子，这些房子就是隐修修士们的住所，当时坐落于法国枫丹白露森林中的弗朗夏尔圣母隐修院就是修道士们建造的僻静所。另外，之所以修道士或修女们会将修道院或教堂建造在森林深处，目的也是改变异教徒们的信仰。

完美的隐蔽所

公元11世纪，诺曼底人在征服者威廉的带领下成功攻占英国，失去家园的英国人只能逃到森林里等待时机重新夺回领土与主权。如今我们耳熟能详的罗宾汉就是那个时候人们虚构出来的英雄人物。在第二次世界大战期间，法国的抗德游击队员也是藏匿在韦科尔一带的森林中，顽强地与希特勒的军队对峙着。

魔法森林

法国最为著名的魔法森林非布劳赛良德森林莫属。不过现今仅存的魔法森林只有位于布列塔尼地区的潘蓬森林了。亚瑟王和勇敢的圆桌骑士们的冒险故事发生在这里。传奇的魔法师梅林与湖中妖女也生活在这里。即便在今天，我们还能在这里看到许多神话中出现过的石桌坟、喷泉及岩洞呢。

森林中名声最差的动物恐怕就是狼了。很久以来它就被人们当作是邪恶的化身。中世纪时期，由于狼的天性十分令人畏惧，所以在许多故事中它们都被描述成了魔鬼的使者，但是对于森林中的其他动物来说，它只不过是个普通的猎食者而已。如今，人们对于狼的恐惧感仍没有消失。

植物的宝藏

公元 11 世纪起，修道士们的垦荒势头相当强劲，在他们的砍伐下，森林面积不断减少。被砍去树木的林地则用来进行耕种。当时的农业生产比较落后，想要获得更多的产量必须开辟出更多的田地。

利用水路运送木材

放排工们站在由白蜡树幼枝捆绑好的木排上顺流而下，他们脚下大块的木排其实就是一根根木材。放排工每人手中都撑着一根带钩的长篙，为的是在水中把持方向。20 世纪初，蒸汽火车出现后，这些通过水路运送木材的方式才被取消。

大树浑身都是宝

当时的人们砍伐树木主要是为了获取木材，因为它既是唯一的燃料也是最为重要的原材料。人类利用它建造房屋，打造家居，制造工具，如犁和木桶……可以说，树木的每个部分都不会被浪费。小一些的枝杈被用来当作柴火，山毛榉烧后的灰被用来制作肥皂，橡树厚厚的树皮中提取出来的丹宁可以用来鞣制皮革，而白蜡树的树叶更是牲畜们的最佳饲料。

农用森林

古代时，人们经常会将牲畜放养在森林里。牛儿们践踏着仍在萌芽期的树林，啃食地上的嫩草。秋天时，猪们则会守在橡树下贪婪地吞食橡果。牲畜们的这些活动都会破坏森林内树木的生长。并且，人们还会大量收集落叶给牲畜搭建棚舍，这样一来，人类

对森林的破坏就更加严重了。因为树木的落叶其实是很好的肥料，但是如果都被人类捡走，就会因为缺少了腐烂落叶的滋养，而造成森林里的土壤不再那么肥沃了。

最初的保护

1291 年，法国卡佩王朝的著名国王腓力四世下令创建河泊森林管理处，这一机构就是如今法国国家林业局的前身。1376 年，法国瓦卢瓦王朝国王查理五世明确规定了森林的开发方式：所有采收砍伐活动必须在划定范围内进行，并且不得皆伐，也就是说不许把所有的树木全部砍伐光。不过，实际上当时的这些政令很少有人遵守，因为那个时候的王权在法国各地并不是都那么强大，并且，森林对于人们来说确实是至关重要的资源产地。

利用爬犁运送木材

以前孚日山一带的居民会利用雪橇或是在圆木铺设的道路上利用爬犁运送木材。用作此用途的雪橇或爬犁被称为是"运木橇"，而这一活动则被人们称为"用运木橇运送木材"。运木橇由单人操控，主要是用身体抵在橇前进行制动。运木工人身后橇上的木头堆叠在一起，有时甚至可以摞到 3 米高，重达 1 吨。利用运木橇运送木头的方式相当危险，经常会发生事故。

中世纪村庄中的木材

① 砍伐　　　　② 木材修整
③ 制作木鞋　　④ 搭建屋架，建造房屋
⑤ 柴禾捆　　　⑥ 木炭堆

树木的匮乏

随着工业化进程的发展，人们对木材的需求量越来越大，大量的树木被伐倒用来供给到工厂或是当作炼铁的燃料。与此同时，农民们与工厂主渐渐产生了向左的意见。于是，人类不得不研究出更新的森林种植技术来满足自己日益增长的需求。

17 世纪时，打造一艘战船所用到的橡树林能有 5 个足球场那么大！

诞生于森林中的船只

17 世纪，在路易十四的统治下，法国当时的国务活动家柯尔贝尔曾制定了一条利用林木制造扩充法国海上舰队战船的政策。之后的一个世纪中，法国大概每年会砍伐 600 多公顷的森林用来建造战船。那些树干弯曲，长得盘根错节的树木会被用来打造船只的零部件，而那些有着笔直树干的树木则会被用来制造船身。当时甚至还有专门的论述告诉人们如何对正处于生长期的树木加以矫正，使其生长成拥有人们所需弧度的大树。

"吞吃"木材的工业

16 世纪起，人类对森林的砍伐越来越频繁，规模也越来越大。特别是 19 世纪发展起来的钢铁冶金业、玻璃制造业以及砖瓦制造业都需要大量的木材。当时人工栽种用于产出燃料木材的树林都是矮林。然而，这些林地的木材产量并不高，所以人们仍然从天然森林中大量砍伐树木满足工业生产的需要。于是，对森林的滥砍滥伐已经成了严重的问题。

出于宗教信仰与美观

最初人类渴望对森林加以保护主要出于宗教原因。在中国，所有佛教寺庙周围生长的植物都被视为圣物，必须加以保护。也正是在中国的寺庙附近，我们可以看到活化石植物——银杏。在法国，枫丹白露森林中的美景吸引着无数的印象派画家，并且，这些艺术家们也为了这美丽的景色以艺术的名义将这片森林保留了下来。

管理森林

造林学的先驱是法国的大学者杜阿梅尔·杜·蒙梭。早在 18 世纪的时候,他便发表了《林学概论》一文。1824 年，法国南锡的林业学院开始大力推进林业科学的发展。1827 年，法国颁布了《森林法》。该项法令中对人类在森林中的各项活动均有明确规定与管制。一些地区更是开始重新植树造林，比如，1830 年至 1870 年期间，洛林公国就进行了大规模的绿化造林活动。人们在土地上种下了许多云杉以重建被迫害严重的林地。第二次世界大战之后不久，法国更是设立了国家林业基金，用来重建在战争中被毁坏的林地。自此之后，人类对森林的开发也相对更加均衡了。

朗德森林：法国最大的再造林

19 世纪，人们在法国西部的沼泽地区开辟了这片面积高达 90 万公顷的森林，主要目的是整顿清理该地区。朗德森林中主要种植的都是海岸松，成片的松林代替了绵羊，牧羊人也离开了这里。当地的人们转而靠采脂为生，也就是采集松树的松脂用来制造松节油。1950 年左右，这项营生也逐渐消失了，因为当时的松节油已经可以利用化工方法进行生产了。不过，朗德森林中的松树林仍然是法国木材输出的主要产地。

煤炭价格的帮助

1860 年左右，煤炭开发价格的下降大大缓解了森林开发的压力，事实上，当时的法国已经仅剩不到 600 万公顷的林地了。

令人惊奇的树木

常青的巨杉

巨杉的高大身形可以让它更亲密地接近阳光。加利福尼亚州的巨杉最高能够长到 115 米高,相当于 38 层楼那么高呢!

落基山脉长着带刺松果的松树

想要在贫瘠的土地上生存下来,那就一定要紧紧依附住每寸能被抓牢的土壤!而这种松树正是这样做的,它们其间的一些"长者"甚至达到了 4700 岁的高龄,虽然我们眼中的它们已经严重萎缩,但是它们确实还在缓慢生长。

猴面包树

猴面包树生长在非洲地区,它们体型庞大,树围甚至可以超过 30 米!这种树的树干中包藏着丰富的水分,是大象们非常喜欢的食物,另外,猴面包树略带酸味的果实也是可以吃的。

西班牙冷杉是欧洲最珍贵的树种,目前欧洲仅存的 200 棵西班牙冷杉,都分布在西班牙的龙达。

植物的多样性极为显著。大树们当然也不例外,世界上大概有着几千种树木呢。

难以置信,但是却千真万确

为了存活下去,有些树真的有不少巧妙的办法呢。生长在非洲地区的金合欢树在被羚羊啃食的时候会释放出一种气体,这种气体随风飘至附近的金合欢树并向其预警。收到这一信号的同伴会增加叶片中的有毒分子,毒死那些啃食它们叶子的食草类动物。除了这种树之外,其他的一些树也会利用特殊的方法在艰难的环境中存活下去。

红树

这些树就好像杂技演员一样生长在潮间带，之所以能够在水中生存，主要多亏它底部的"支柱根"，正是它们深深地扎入泥沙中，纵横交错，才能形成一个稳固的支架，把植物牢牢地固定在泥滩上。红树的花朵受精后产生的种子在树上就可以直接萌芽，只要把萌芽后的小植株摘下来种在土壤里就可以了！

橡胶树

印度有着几千公顷的橡胶林，不过橡胶树的故乡却是巴西。人们种植这种树的目的主要是采集橡胶，也就是将橡胶树的树干割开，收集从树干中流出来的白色浆液，之后再将其加工成橡胶。

白柳

古代希腊人就把白柳当作一种植物药材缓解病人的疼痛。19世纪时，正是从白柳能够镇痛这一特性获得了灵感，人们利用化学方法研制出了阿司匹林。

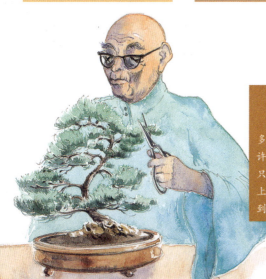

盆景

公元5世纪的时候，中国唐朝的一位贵族收集了许多矮小的树木。利用这些树，他在自己的花园中打造了许多微缩的自然景观。由此，盆景种植便逐渐发展起来了。只要帮其修剪根系及枝权，并定期为其换盆，这些树看上去就和缩小了的古树别无二致。如今，盆景艺术也来到了欧洲，其中比较常见的有鸡爪槭、榆树和松树。

经过人们精心护理了几个世纪的森林，呈星形的林间大道以及如镶嵌画一般的小块林地从空中俯视望去既宏伟又美丽。

第二章

无数的树木,一整片森林

从高到矮,从矮到高,
生命起起伏伏,
从稀拉的树丛到枝叶茂密的树丛,
从枝叶茂密的树丛到遮天蔽日的森林。

爱德华·辅里欧

树木，你是谁

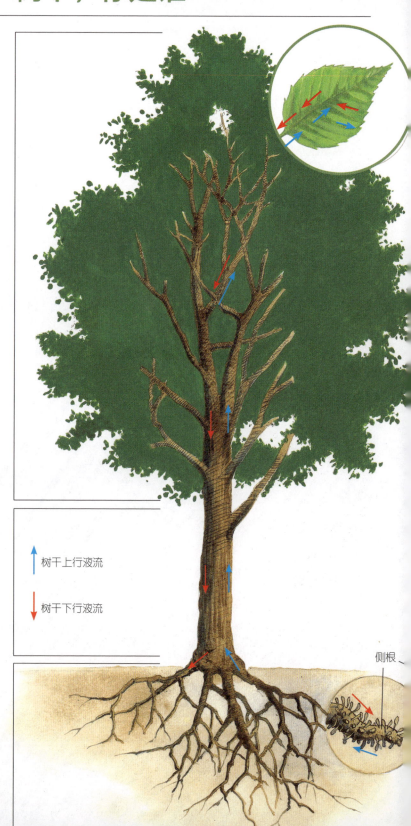

树木的树冠是由树枝、细枝与树叶共同组成的。每个树种的树枝生长布局都有所不同，而人们也正是靠着这些不同之处对它们加以辨别的。

树干可以算是一棵树中最主要的部分，它们从幼小的嫩芽慢慢长起，之后开枝散叶，高耸入云，一旦被砍伐下来，树干就成了带着树皮的原木了。

↑ 树干上行液流

↓ 树干下行液流

树木的根不仅可以让大树紧紧地抓牢土地，固定在地上，还能从土壤中吸收水分以及矿物盐。

侧根

世界上的树木主要能被分为两大类,其一为可产树脂的树或针叶树,属于这类的树木叶子为针形,果实为塔状。其二则是阔叶树,这种树的叶子基本都是平的。所有的树木均与其他植物有着本质的区别,因为它们有着更高大的体型,更长的寿命,并且还能够产出木材。据植物学家研究,一棵成年树木的高度至少必须达到8米,如果某棵树木没有达到这一高度,那么我们就称其为小灌木。

植物工厂

树木的叶子就好像一个微型的实验室,在这里可以合成各种有利于树木生长的营养物质。树木的根深植于土壤中并从中汲取水分及矿物盐。这两种物质所组成的液流被我们称为树干上行液流。上行液流会通过树干一直被输送到树冠最顶端的叶子,这一输送过程其实和呼吸的道理差不多,就是树叶经过蒸腾作用将上行液流"吸"上来。被输送到树叶中的液流会通过光合作用形成叶绿素,所以我们看到的叶子基本都是绿色的,不过光合作用还能产生其他产物:空气中的二氧化碳以及由根吸收上来的水分及矿物盐都会被转化成为糖及氧气。至此,之前的树干上行液流经过树叶"实验室"的处理已经变成为了树干下行液流,后者会被输送往树身各部分,对树木进行滋养。

单独生长的树与它摊开的树冠。

有关阳光

树木的生长与阳光也是息息相关的。当一棵树单独被种在一片空地上的时候,周围没有其他植物给它造成阴影。这样,它的树冠就会很快长大、长开,最后形成摊开式的树冠。如果树木是在森林里生长的,那么一棵挨一棵的树木彼此就会制造出一片片阴影。这样一来,它们的树冠生长速度就会慢得多,并且为了获得更多的阳光,树冠还会不断向上生长。

每个树种都有自己偏爱的土壤类型

树木的生长与土壤的特性密不可分。由于树木的根需要呼吸到足够的氧气,所以土壤中的颗粒之间一定要有足够的空气存在。当土壤中没有足够的空气,反而有更多的水分时,比如黏土,这时候树木的根就会腐烂。另外,土壤中的化学成分也是影响树木生长的决定因素。比如云杉就比较喜欢酸性土壤,而野樱桃树在钙质土壤上反而长得更好。

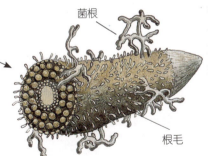

菌根

根毛

树木的侧根与某些真菌形成了共生体,也就是树木根系与真菌之间建立起来的相互有利、互为条件的生理整体。真菌从树木的根系获取糖分,作为交换,它会提供给树木的根另外一些必需的物质,如矿物盐。这种由树木侧根与真菌形成的共生体就叫作菌根。

在森林中密集生长的树与它紧凑的树冠。

树心游记

在树干中心

橡树不断生长的过程中,有时候其内部的导管会被某些称为侵填体的物质阻塞。它们会阻碍树木上下行液流的流动,于是这部分的木质结构会变得越来越硬,越来越干。我们称之为心材。这部分组织中储存有丰富的防腐灭菌物质,如丹宁或苯酚,它们可以让树木免遭真菌侵袭。

树木的树干又坚硬又结实,正是有它的存在,树木才能够拥有那么长的寿命,并且可以长到很高的高度。

多功能材料

树木的树干中分布着许多由细胞组成的直上直下的管道,它们将树木的上行液流输送到树叶,再将由树叶经过光合作用产生的各种营养物质输送到树身各部分。这一负责传输运送水分和无机盐的管道分为两种,阔叶树的养分管道被称为导管,而松柏类植物的养分管道被称为管胞。另外,树干中也包含负责支撑树体结构的细胞,这些细胞的细胞壁坚实浑厚,我们称之为厚壁细胞。此外,树干中还有一种物质,名为木质素,它可以使树木的木质部维持极高的硬度以承载整株植物的重量。当然,树干中的营养物质传输并不只是自上至下垂直行进的,树干中也有一些平行于地面的管道将营养物质输送到树心进行储存,这些管道被称为髓射线或射髓。

通过年轮阅读树木的历史

①幼年的树木主要进行纵向生长,这时它的年轮分布很密集。
②随后,树木开始向横向发展,于是它的年轮分布开始变得稀疏。
③由于周围的树木繁多,导致自身生长不畅,这时候的年轮分布又重新变得紧凑。
④当树木有足够的空间进行生长时,它的年轮分布又将变得稀疏起来。
⑤当遭遇干旱的时候,树木的生长速度会减缓,于是它的年轮分布再次紧凑。

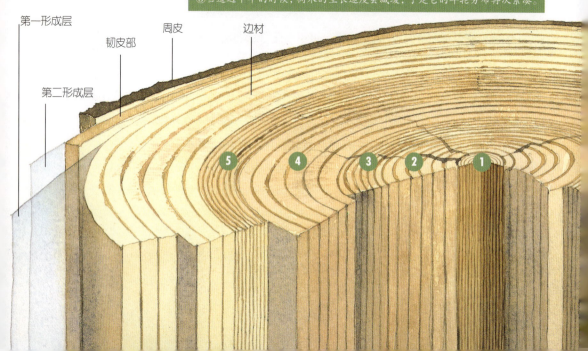

在完美的保护下生长

树木的树干、枝杈以及树根的直径每年都会增长，这些我们通过树木的年轮就可以看出来。树木年轮的生长稀疏程度与其输送养分的导管粗细息息相关。春天时ⓐ树干内的导管较粗，因为此时的树木需要大量的水分，而夏天时ⓑ，树干内的导管就较细一些，所以年轮也就更紧密些。之所以树木能够长高长粗，并且表皮坚实，主要都要依靠位于木质部与韧皮部之间的形成层。形成层可以分为两层，第一层形成层（也被我们称为维管形成层）会向树心内部的方向产生新的细胞（形成颜色较浅的边材），同时也会不断向外部产生细胞（形成韧皮部）。颜色较浅的边材能够向上输送上行液流，而韧皮部则负责向下输送下行液流。第二层形成层（也被我们称为木栓形成层）紧贴在周皮内部，由于平周分裂的作用，向内形成栓内层，向外形成木栓组织。向外形成的这层木栓层细胞会很快死掉，形成充满空气的死细胞，可以有效地帮助树木阻挡外界的侵袭。

成长中的小细节

眼前这棵松树由于受到外力的约束而以倾斜的方式生长，看一看它的年轮我们便能了解到，它歪曲方向的年轮长得更加稀疏一些①。遭受真菌侵袭的部分颜色较深②。另外，这棵树的表面还有遭受外伤所留下的疤痕③。

树木在遭受外力的时候会应激性地进行生长，举个例子，比如树木在风力的作用下会依据风向进行生长。一般来说，阔叶树会迎风生长，也就是说其树干迎风的一面会长得更为坚实，而针叶树则恰恰相反，它会顺风而长。

阔叶树

针叶树

风向

树木疾病

危险，有毛虫

成串爬行的毛虫会啃噬大量的树叶来进行自我生长与繁殖。这种个头不大的生物往往成群结队地出现在树上，所过之处片叶不留。毛虫非常喜欢啃噬新长出来的嫩叶，因为这些叶子的口感更嫩爽。不过，对于树木来说，这些新叶可是利用去年积存在树木中的能量而孕育出来的。如果这些新叶被毛虫吃掉了，树木的能量储备也就都耗尽了，无法再生长出新叶，那么等待它的只有死亡。

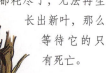

与其他生命环境一样，森林也会遭遇失衡，而森林平衡的失调势必会给树木带来危害。谁是森林系统失衡的罪魁祸首呢？动物与真菌的麇集是一个原因，另外气候的失衡也是一个重要原因。

致命的寄生生物

荷兰榆树病是一种广布致死性的真菌病。传播这种真菌的是一种名叫棘胫小蠹的昆虫，当它利用自己的口器咬破树皮的时候，致病真菌就会随液流侵袭入树木春季形成的较粗导管中。为了进行自我防治，榆树会将已经感染的导管封闭，这样一来被堵住的真菌就死掉了。

有一些真菌可以成功地将构成树木最坚硬的成分——木质素消化掉，使树木变得脆弱，这样被真菌侵袭过的树木木材就不能够再出售了。

树木破坏者

许多动物都靠食用树木为生，有一些动物偏爱吃树木的某一部分，而有些动物则不挑食，树木的任何部分它们都能轻易地吃掉。树木的破坏者有时候躲藏得非常隐蔽，比如堤岸田鼠，这种小型的啮齿动物非常喜欢啃食幼树的底部，造成幼树大量夭折。另外一些树木的破坏者留下的痕迹就要明显许多，比如鹿或狍子，这些大型的哺乳类食草动物特别喜欢啃食树木幼苗或较大树木的树皮。还有一些树木破坏者更为偏爱单一的树种。山杨楔天牛的幼虫就是如此，它只会攻击杨树。这种长着两根长长的和天线一般触角的昆虫口器十分坚硬，能够轻易地啃噬树木并经过消化作用将其转化为自身营养。另外，它们还能够一直从树皮出发，用尖利的口器咬一道大概25厘米深的洞直达树木中心。一些较为年轻的树经过它们这番折腾往往会折断或死去，而年龄较长的树木木质则会大大受损。

对抗毛虫的斗争

为了对抗损害树木的破坏者，人类有两种手段。最普遍的一种方法就是化学防治，比如在松树上喷洒能够杀死松毛虫的杀虫剂。在法国的朗德森林，人们一般会利用直升机进行杀虫剂喷洒。不过随着时代的发展，人们越来越倾向于采用生物防治方法来祛除虫害，也就是利用害虫的自然天敌来对付它们，比如我们会用苏云金杆菌感染并杀死毛虫。

气候的突变

其实，对于树木来说，干旱并不是最可怕的敌人，因为在干旱的侵袭下，树木有可能还会存活下来，但是暴风雨对树木的侵袭可是致命的。1999年法国发生的那场暴风雨差不多毁掉了整个法国1/10的森林，相当于整整3年的树木种植量。受害树木中大部分均为针叶树。总体来说，混杂栽种的树林相比较那些只有单一树种的树林来说更不易受到侵袭。另外一项重大森林灾害就是火灾，地中海一带的森林就极易发生火灾，所以有关部门一定要时刻提高警惕。

智斗害虫

当某些昆虫企图用口器在云杉的树干上打孔的时候，云杉一般都能将其制服。它是怎么做到的？就是用其自身分泌的树脂把虫子粘住。

厉害的破坏者

棘胫小蠹是一种鞘翅目昆虫，别看它个头微小，却是相当厉害的树木破坏者，它可以轻而易举地钻到树皮底下，破坏树木的形成层。成群的棘胫小蠹幼虫更是会在树木内部啃噬出彼此对称的巢穴体系。

从花朵到种子

和其他植物一样，树木的繁殖也要依靠它的生殖器官——花朵。当然，为了能让花粉与雌蕊相遇，我们还需要一些使者，比如风和昆虫。值得一提的是，树木的繁殖有时候既不需要花朵也不需要种子。

相遇的故事

每个不同树种的树木都有其特殊的花朵。其中有些树的花朵既是雌性又是雄性。另外一些树的雌花和雄花则彼此分开。不过，不管这些花朵是怎样生长着的，如果想要让它们受精并形成种子，那么便必须保证花粉（植物的雄性细胞或精子）与花朵的卵细胞（植物的雌性生殖细胞）结合。针叶植物的雄花能够产出大量花粉，这些花粉会通过风的作用被吹送到同株植物或临近树木的雌花上。而阔叶树的授粉工作则主要由昆虫来承担，比如蜜蜂，这些小昆虫会在采食花蜜和花粉的时候为花朵进行授粉。我们把它们统称为传粉者。

松树的雄花会释放出大量的花粉，这些花粉会在风的作用下被吹到其他雌花上。

松树的花粉颗粒具有两个发达的气囊，气囊和花粉体接触面较小，界限明显，这种结构能够方便其在风力的作用下如热气球一般随处飘荡。

哎呀！对不起啦！

树木的播种者

每年秋天的时候，松鸦都会搜集大量的夏栎橡果，储备起来当作冬天的食物。它们经常把这些橡果隐秘地藏在地下，有时候甚至它们自己过后都想不起来当时的橡果藏在了哪里。这些小家伙们大概自己都不知道，它们竟然成了夏栎最得力的播种者。一只松鸦每年能够播种下4000颗成熟且健康的橡果。另外一些动物，比如松鼠和交嘴雀也是帮助树木种子生根发芽的播种能手。交嘴雀会将成熟的云杉果实咬开取食里面的种子。虽然这些小家伙的技术非常娴熟，但是有时候也经常会掉下一个半个的种子，而这些种子落入土中后便会发芽生长……

圆锥状的花朵

针叶树的花朵也被称为"球花",一般呈圆锥形。针叶树的球花分雌雄两种,雄球花个头较小,着生于每年新枝的近基部,雌性球花体型较大,生有螺旋上升形鳞片。雌球花的每个鳞片基部具有两枚倒生胚珠。一般来说,雌花当年被授粉后,第二年才会迅速增大为球果,而球果的成熟期为两年。

精心保护的种子

阔叶树的花朵种类繁多。有一些树,如橡树,它们的花属柔荑花序花朵,雌雄花同株。所谓柔荑花序,即单性花组成的密集的穗状或总状花序。另外一些树,如花楸树,它们的花朵花径很大,并且一朵花里既有雌性生殖器官又有雄性生殖器官。阔叶树花朵的受精过程一般是这样的,当花粉粘到雌蕊柱头上后会开始萌发,之后一根花粉管会向下一直伸入到雌蕊的子房内,经珠孔进入胚珠,最后到达胚囊。在完成受精作用后,胚珠里的受精卵发育成胚,珠被发育成种皮,子房壁则发育成果皮。

向各个方向散落

从种子中诞生的小树必须接受更多的阳光照射才能长大,但是,如果种子仅掉落在大树脚下,那么由于有大树的荫蔽,小树肯定是无法生长的。所以,为了能到更远的地方去,种子们要么就是自身带有类似翅膀一样的结构,要么就会附着在动物的皮毛或人类的衣服上,借助外力被带到别处。有时候,一些动物会吃下树木的果实,然后不能消化的种子会被它们随粪便排出体外。被这样带到远方的树种会长得更好呢!

针叶植物的雌性球花呈椭球形,生长在一些枝杈的顶端。

松树的胚被包覆在种子中。

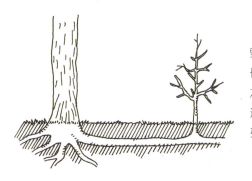

野樱桃树的根系周围会长出根蘖苗,这些根蘖苗之后会发育成新的植株。这是一种植物的无性繁殖,被称为根蘖繁殖。

幼小的松树最初长出的叶子被称为子叶。

森林的种植

森林究竟属于谁

法国的林地私人占有面积达到林地总面积的 3/4。有时候，其中一些私人林地的面积还不到 1 公顷，所以很难进行管控。一般来说，当地的地方森林管控中心会帮助这些森林私人占有者进行森林管控。法国的国有林地和公共林地分别占国家林地总面积的 10% 和 16%。这些森林均由法国国家林业局进行管控。法属圭亚那的森林覆盖率高达 90%。所以，法国也是欧洲最主要的需要对赤道地区林地保护负责的国家。

法国的森林占其国土面积的 1/3，主要分布在山地与荒野地带。法国的森林构成以阔叶树居多，其中又以橡树与山毛榉的数量居首。

林分

为了获得尺寸符合需求的木材，或是在某些特定时段进行树木砍伐，抑或是获取某种特定用途的木材，我们便必须对森林加以分类管理。为此，人们会按照不同的标准把一个林区的森林划分成不同的林分。

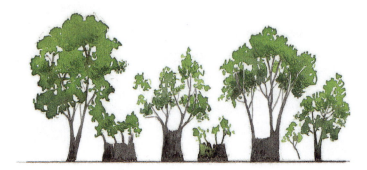

矮林并非是林木生长不高的森林，而是指以无性更新方法繁殖形成的森林，也就是利用阔叶树被砍伐后留下的伐根能够进行萌芽更新的特性培育的森林。

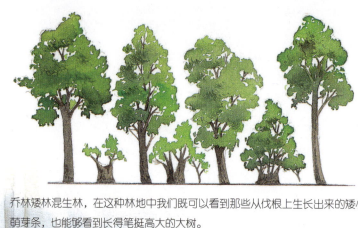

乔林矮林混生林，在这种林地中我们既可以看到那些从伐根上生长出来的矮小萌芽条，也能够看到长得笔挺高大的大树。

林分是指森林的内部结构特征。一个林区的森林，会根据其内部结构特征的差异，如树种组成的差异、树龄的不同、管理办法的不同等，被划分成不同的林分。在规划过程中，我们甚至会预先拟定树木的砍伐日期、砍伐量以及其日后的工程用途。此外，人们还会详细地确定好砍伐树木的直径与树龄。在一些较大面积的林地里，除了定期要对林木进行护理外，人们还需要开辟一些林间道路，并对其进行养护，这些道路主要是供大型机械在森林开发时通行用的。

田地里的树木

在法国，还有一种能够很快得到成才树木的造林方法，这就是集约化造林法。一般主要用于种植海岸松与杨树。首先要将准备种植树木的土地翻耕松软，然后以每2棵杨树8米的间隔将它们种好。在树木的生长过程中，人们会定期为它们修剪树枝，并施以肥料，促进其生长，同时还会及时地将周边的灌木和杂草清理掉。利用集约造林法种植的杨树在不满40年树龄的时候便会被伐倒，这也是其一生中唯一一次经受砍伐。

从树顶到矮枝

当我们在进行树木种植的时候，经常做的就是为其修剪枝权。如果某棵树的顶端分出了好几个树顶，那么我们就需要将其修整成只有一个树顶。另外，人们也希望树木的树干部位没有枝权留下的痕迹，也就是我们常说的木疤。为了不让树干长出木疤，人们会在幼枝年纪尚轻的时候将其剪去。一般杨树和针叶树都会进行枝条修剪。

圣诞树林

把冷杉当作圣诞树的习俗起源于15世纪的阿尔萨斯。这些冷杉一辈子也不能称霸森林，因为在它们不到10岁的时候就会被砍倒售卖出去。法国的装饰树苗圃每年能够产出530万棵冷杉，相当于1万个足球场的面积。不过，如今虽然我们在售卖的时候还是打着冷杉的旗号，可是卖出去的却是更为普通的云杉，甚至在越来越多的情况下卖出的是高加索冷杉，因为这种杉树的针叶很干燥并且不易脱落。

乔林种植

法国的树木种植大部分都采用普通的乔林种植方式，因为这种方式更为简单易行。乔林中的树木主要被用来建造房屋，进行细木制品加工或家具制造。

种植橡树

在法国，橡树是一种极为常见的利用乔林种植方式种植培育的树木，紧随其后的还有冷杉、云杉与山毛榉。法国的橡树乔林占据了法国森林总面积的 1/4。起初，橡果会从成年橡树上落下来。育林员可以选择在将土地翻耕之后把橡果种下，也可以直接种下幼小的橡树树苗。年幼橡树的生长速度很慢，因为它要时刻与周遭更强大的一些树木进行竞争，比如桦树。这时，育林员们可以将这些与橡树争夺养料的树木或灌木利用机器清理干净。为了提高这些橡树幼苗的质量，育林员们也会同辛勤的园丁一样时刻为那些长势较好的橡树开辟更好更宽敞的生长环境。想要获得挺直结实的橡树木材，首先要悉心照料这些小树长达 20 多年的时间。

生产木材

在幼年乔林中，人们会利用打标记的方式标记出将要进行砍伐的林木，之后再对其施以上层疏伐法。一百年的进程中，人们会往

做标记

用标记锤在树上打标记是育林员在庞大的乔林中选取准备砍伐的树木的一种手段。为了完成这道工序，育林员们会使用一种半锤半斧的工具。他们会利用这种工具先在树木一人高的位置去掉一块树皮，然后再在去掉树皮的位置做上标记。最后，育林员还要用尺测量树木的直径及高度，并计算出树木树干的体积。

为了进行林木种植，育林员们必须遵守植物的自然生命周期。树木砍伐过后的空地就好像被遗弃的草场，之后会再次进行造林。当林中的树木形成幼龄林时，人们会在林间每隔 25 米开辟一条道路，为的是方便让机械能够轻易通过。

| 种子田 | 幼龄林 | 分隔 | 幼龄林 | 萌芽条 |

复实施这一操作,利用上层疏伐法处理过的林地更有利于光能利用,这样一来其他的橡树就会获得更好的生长条件,长得既笔挺漂亮又扎实粗壮。人们的目的是在每公顷的土地上获得80~100棵成年树木。之后,育林员们还要进行再次造林,首先他们会砍伐一部分年龄较长的橡树,这样一来落在地上的橡果就能够得到充足的阳光以及水分并进行生长了。此后,新的一轮循环就又开始了,这一轮循环要经历150~200年的时间。

如果是长势并不均匀的乔林,那么人们的砍伐方法就更为天然一些。育林员不会大面积地进行树木砍伐,而是有选择地进行砍伐。这一方式有些像自然界中树木的盛衰方式,老树倒下,将空间留给更年轻的树木。

青年林　　　　　　青年乔林　　　　　　成年乔林

越来越漂亮，越来越高大

人工繁殖

在苗圃中进行植物枝插是最方便快捷的树木繁育方式。许多树木都能通过这种方法进行繁殖，如野樱桃树和落叶松。除了在苗圃中进行枝插以外，我们还可以在实验室中进行微繁殖。所谓微繁殖就是对树木的细胞进行培育。这些细胞会变得越来越多，并且最终长成一棵完整的植株。

植物的选育可是一件历史悠久的实践活动了。针对林木来说，人们进行选育的主要目的就是加快青年植株的生长速度。

如何进行育种

林木的育种主要就是在人为控制下让两个同种树木个体进行杂交，让所产的子代植物具备亲代双方的优良特性。人们首先会徒手或利用机器将树木的花粉收集起来，并存放在冷库里，然后再把这些花粉涂抹在所选树木的雌花柱头上。经过受精后，我们便会得到这两种植物的杂交体了，人们会将杂交体种植在苗圃中进行观察，只有最优秀的植株才会被保留下来。在不久的将来，人们或许会培育出通过基因植入的方式改造过原本基因的树木呢。

实验室内的无性繁殖

杨树只需一小段树枝就能够生长出新的幼树，这种特性让它成了实验室中科学家们研究的重要对象。因为这种无性繁殖的方式能够更快速地产出新生幼树。并且，我们利用此法获得的幼年植株会与母株保持一致的特性，也就是说幼年植株就是母株的克隆体。从1962年起，法国森林纤维联盟的工作人员就在人为操控下获得了100棵杨树的克隆体。青年克隆杨树中最强壮和抗病虫害能力最强的个体最终会被人们保留下来。此后，人们还对这些杨树的抗真菌侵袭能力做了测试。并且，科研人员还对另外一些林木，如野樱桃树、黄杉、落叶松、榆树等进行了深入研究。

杨树萌芽的根被浸泡在黑漆漆的活性炭中，这样它的根才能生长得更快。

攀爬采收者们都是在高空作业采收树木果实的专业人士,有时候为了采收杉树的果实,他们要爬到40多米的高空呢!

树木托儿所

林木苗园中主要种植着三类植株,其一为无特殊产地树木植株;其二为归类林分植株;其三则为控制林分植株。在这里,树木的种子首先会被放置在小花盆中进行萌芽,有时候也会直接种在无盆的土壤中,人们会对其进行特殊处理,让其不会马上发芽。

高空采收

从1971年起,人们开始对森林内种植的树木进行人工选种育种。人们会将树木的种子收集起来进行两种不同的林分改造,其一为归类林分,也就是按照树木的树形及茁壮程度进行划分;另一种为控制林分,也就是对树木的基因质量进行评估。根据树种的不同,林木果实的采收也有不同的方式,有的果实会被专用的竿子敲打下来再进行采收,有些则需要用特殊的工具进行采收,或是由工人爬到树上把果实采摘下来。采摘下来的果实会被装放在配有原产地证书标签的口袋中,并被印上铅印。打包好的果实之后会兵分两路,被送到两个很大的干燥室进行干燥,一个是私人拥有的干燥室;另一个则是由国家林业局管理的干燥室。

所有这些植株都会定期进行施肥,并且还会进行真菌防治,长到一定程度后就会被取出直接种植在开阔的田间,并保持几年时间。还有一些苗圃会培育带菌根的树木,也就是让树木感染某种真菌,并逐渐适应共生的关系。

产种树木

为了保证获得优质的树木种子,人们专门开辟了产种树木园。种植在这里的树木均由嫁接或枝插获得,并且经过了严格的筛选。为了防止产种树木与天然情况下生长的同种树木进行杂交,人们会将产种树园安置在离普通林地500米开外的地方。为了保证树木种子的多产,我们还会为其进行枝杈修剪,让树木尽可能多地开花结果,当然,必要的肥料滋养也是少不了的。

不可缺少的森林

夏天

事实上，森林所担当的角色全由人类的需求所决定。如今，森林再也不单纯地只是产出木材的资源库了。它们还能让人类身心放松并且帮助地球保持生态平衡。

减少水体污染

分布在森林中的各种资源受到污染的概率要小很多，林地土壤能够很好地将污染源锁住，并且林地中也没有过多的化学药物喷洒。所以，如今越来越多的导流渠都被开建在森林里，而不是直接开设在农田附近的农耕区平原。至于那些靠近江河的森林的作用就更大了，由于森林里植被众多，所以它们能够有效地净化水源。因为植物能够将水体中的氮元素吸走。

冬天

保护土壤

树木的根系能够牢牢锁住水分，比如桤木，它的根相当长并且分叉庞多，不光能在土壤中正常工作，还能在水中生长。这种特性能够使树木稳固地抓住堤岸两旁的土壤，防止河堤土壤由于水流的冲击而崩塌流失。如果坡面过于陡峭，林地的覆盖还能有效阻止滑坡现象的发生。当发生雪崩时，森林也能减缓崩涌下来的雪团的速度，并有效化解其破坏力。

利于养生

如今，巴黎以及一些大型城市周边的森林已经成了市民们周末及节假日出行的最佳选择。法国的枫丹白露森林每年会接待1100万的游客。这些游客有的在森林中漫步、骑行或纵马驰骋；另一些人则乐于在林中攀爬树木。秋天时，还有人会在林中寻寻觅觅，找寻蘑菇的踪影，更有人会在这里享受狩猎的乐趣。这片绿色的海洋有着沁人心脾的新鲜空气，不光能够愉悦人们的身心，甚至还能触发我们的灵感，可以这样说，森林是人类的幸福源泉，不论你是大人还是孩子，都会在这里找到属于自己的幸福。

抗风耐雪的树木

能够有效抗击雪崩的树非针叶树莫属，它们的树干枝杈能够有效地阻挡雪流。一般来说，人们经常会利用黑松防治雪崩，因为这种松树能轻易地在多石子的土地上生长，更重要的是它还能适应极为恶劣的山地气候。

保护生物多样性

　　天然森林中的动物与植物资源都极为丰富，但是，如今欧洲的天然森林已经为数不多了。位于波兰的比亚沃维耶扎原始森林算是欧洲仅存的天然森林之一。这片庞大的森林共拥有 23 个树种，而法国树种最丰富的森林中也只不过有 10 个树种而已。比亚沃维耶扎原始森林中有很多已经死亡的树木，林中的碳元素会在大量真菌、细菌及昆虫的作用下进行再循环。如果没有它们的存在，那么森林里的死树可能会摞起几米厚呢。相反，在那些人工繁育的森林中，我们是不会让任何树木死亡的，因为人类会在树木还处于壮年期的时候将其砍伐并加以利用，虽然偶尔也会有树木受病害死亡的情况，但是在人工林中，这种现象还是比较少见的。尽管有些树已经死掉了，但它们还会继续滋养保护一些独特的植物与动物群体。比如枫丹白露森林里受到保护的橡树林中，一些已经空心了的树木还是被人们留在原地。因为这些树木的孔洞中住着很多稀有的昆虫，这些昆虫甚至在其他地方已经完全见不到了。这种类型的林地储备是研究及保护原始森林动物及植物群落不可或缺的手段。所以，在这种林地中，任何人为干预都是不允许的。

空心树对于许多动物来说是一个绝佳的栖息地，行踪隐秘的香猫住在这里。叽叽喳喳吵闹不停的喜鹊有时会将树洞啄得更大，把整个家庭成员都搬过来。另外一些昆虫，如天牛，它们会靠吸取已死或濒死树木的汁液为生。

洪水

　　森林与树木在水体循环中有着重要的作用。树木的根系能够将土壤中的水分"泵"上来。而树木的叶子又能够在降雨时承接住一部分雨水，这样一来，被叶子接住的雨水不会落到土壤中，而会直接蒸发掉。并且，树木的叶子也能够有效地缓和水滴打落在地上的冲击力，防止漫流的发生，促进水流缓慢渗入土壤。此外，秋季大量脱落的树叶与掉落的树枝堆积在林地表面，就好像大块的海绵一样，能够很好地存储水分。所以，综上所述，森林与树木有时候能够有效缓解暴风雨带来的危害，比如严重的洪涝灾害。

第三章

不可思议的树木

我们用来自树木的木头做成笛子
又用木头做的笛子吹出旋律。
来自树木的木头。

雅克·普莱维尔
《树》

砍呀砍

如果树木的分叉过多，那么它在倒地的时候很可能会从分叉处裂开。为了避免这种情况的发生，并且特别是当原木的体积较大的时候，便会有专门的人员负责将多余的枝杈切割下来。这些专门人员都配备有特殊的攀爬工具，他们的鞋上都带有钩爪。

在进行树木砍伐前，还有一项工作非常重要，那就是在大树的基部进行切割，俗称"切树腿"。

法国的森林每年能够产出将近9000万立方米的木材，其中5500万立方米的木材会被人们砍伐收走。事实上，并不是所有的森林都会有人进行管理，所以，那些无人管理的森林里的树木也不会定期加以砍伐。

伐木工人的工作

所有那些被打好标记的树木之后都会被出售给森林开发者或是锯木厂，所以，当务之急就是把整棵大树砍倒。伐木工人的工作不只是简单地将树木砍倒，他们还要负责将树干上的枝杈修整干净。为此他们会先利用锯子将树顶及旁生的枝杈锯掉，然后再把树根部位修理齐整。经过这一系列步骤处理后所得的木材被人们称为带树皮的原木。如果原木的长度太大，或是整根木材各部分的质量并不相同，那么伐木工人还需要对其进行额外的切割。之所以这样做也是为了方便之后的筛选。至于切割下来的枝条，如果它们是针叶树的树枝或枝条过于细小，那么我们便将其丢弃在原地。如果是阔叶树的树枝，并且拥有足够粗的直径，那么便会被收集起来充当木材燃料。

危险重重的工作

对伐木工人来说，砍伐树木的工作可谓危险重重。首先他们必须佩戴好专门的护目镜并穿上特制的服装，这种服装的材质在被电锯锯到时会碎裂成丝，裹住电锯齿使其停止转动。如果所砍伐的树木位于路旁，那么还需要有一位司机辅助伐木工人进行

随后，伐木工人会在大树底部进行切口，切口的所在位置就是大树倒下的方向，做好切口后，伐木工人会到切口的对面进行砍伐。

我也是，我也想要个电锯呢！

在自然界中，只有河狸和大象能够伐倒树木。前者所使用的是它们锋利的切齿；而后者则是利用蛮力将树木连根拔起。

欧洲北部的一些国家经常利用树木收割机进行树木砍伐。这种机器一般适用于生长在缓坡上的直径中等的针叶树。

工作，这位辅助人员被称为集材工。首先，需要进行砍伐的树木会被人用缆绳从上方拴住并连接在由集材工遥控开动的拖拉机上，之后这位辅助者需要做的就是听从伐木工人的号令，操控机器朝需要的方向牵引树木。

费力的牵引

带树皮原木完全处理好后，集材工就需要利用强劲的拖拉机把它从砍伐地拉出来。人们会把木材用一根很短的缆绳系在拖拉机上，从砍伐地一直拖到存放地。如果拖拉机实在难以驶近被砍伐的树木，那么人们就会利用一根长约200米的缆绳以及绞盘将其拖出。当然，这一往复的拖拉工作以及机器的重量都会给林地造成伤害，所以至关重要的就是提前在林地中开辟出多条专门供车辆行驶的道路。如果是体积较小的带皮原木，人们就会利用轻便的手提锯就地将其锯开。

长途运输

法国的木材产量很高，这些木材主要都被送往其他国家进行加工。砍伐修整好的木材首先会被整齐地堆放在卡车中，每车30多立方米，之后，人们会将木材直接送到锯木厂，或是造纸厂，也可能是码头及火车站。成堆的木头最终会经由铁路或水路被送到其他国家进行加工。

带皮原木木材一旦被运送出林场并被堆放在林场外的路旁，便会被可操控抓钩抓起装入卡车的车斗里。

利用其他方法进行牵引

当带皮原木木材所处的位置过于潮湿或是坡度较大时，人们有时会利用马匹将木材拖拽出来。在山区，山体的坡度会阻碍机器的工作，所以人们也会利用绳索和直升机进行作业。飞翔于高空的直升机会将树木垂直提起，然后再放置在最终的目的地。不过，这种牵引方式并不常用，因为它的成本太高了。

在锯木厂

被送到锯木厂的带皮原木木材的处理加工方式多种多样,因为木材的功用各不相同。另外,随着时代的发展以及新式木材利用方法的出现,加工方式还会更加多元化。

在电脑的帮助下,我们能够清楚地计算出原木最终可以被切割成多少块。不过,这些都要取决于原木的直径及其质量。我们所要做的就是最大限度地对木材加以利用。

锯木

在锯木厂,每根带皮原木都先会在一个被称为原木场的地方存放上几天至几个月不等。如果原木是针叶树,那么还必须被喷洒上水以防止真菌与昆虫的繁殖。处理过后的原木会被起重机的抓钩抓起并放置在一辆机械装卸车上,之后被送往一台很大的机器前面,这台机器也就是我们常说的锯台。被推上锯台的原木首先会被去掉树皮,之后再被带锯进行垂直切割或是被圆锯组批量切割。

干燥

经过锯子切割过的木材需要进行干燥,这样它们才不至于在使用前就因为潮湿而变形走样。节省能源的天然风干法主要是将木材码放在极为通风的环境里。但是,这种方法需要极大的空间与较久的时间。所以,如今我们更倾向于使用人工干燥法。人们会将成堆的木材码放在一个真空的大容器中将木材中的水分以蒸气的方式逼出来。有时候人们还会将木材堆放在利用38℃脉冲式空气加热的干燥室内进行脱水。

形态各异的锯材

质量上乘且质地坚硬的阔叶及针叶木材一般会被切割成板片,主要用于制造家具、桁梁、厚板子、木地板等。而质量中等且质地较软的阔叶及针叶木材则会被切割成小木条或小块,主要用于打造木质包装或支撑屋瓦。

我们所说的板片木材,其实是将原木纵向剖成的片状木材,根据将来的功用不同所保留的厚度也会不同。

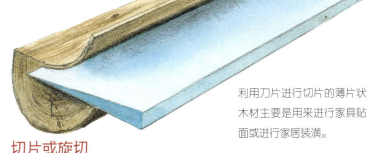

利用刀片进行切片的薄片状木材主要是用来进行家具贴面或进行家居装潢。

切片或旋切

如果原木没有进行切锯，那么我们还可以利用一种不会产生锯末的方法来切割，那就是直接用刀片进行木材切片。经过这种方法处理过的木材切片非常轻薄，大约还不到一毫米厚。如果原木木材为规则的圆柱形，那么我们还可以利用旋切的方式进行木材加工。所谓旋切就是把原木两端固定住，并让其以固定点为轴心进行旋转，这时候会有一个特殊的刀片沿木材年轮的方向对这根旋转着的木头进行切削，切削下来的木片又薄又宽大且连续不断，像巨大的纸张一样。

百分之百再循环

在锯木厂切削木材剩下的木头碎块、刨花以及锯末都不会被浪费，它们可以被当作极佳的燃料进行使用。有时候还会被出售来进行碎料板材或纸浆的制造。所有处理木材剩下的碎料都是百分之百再循环利用的，所以说，这些边角料绝对是最好的环保材料。

再造木材

经过旋切得到的大片木材可以被用来制作一种结实坚硬的材料，我们称之为胶合板。这种板材的最大优点就是当湿度变化时不会因此变形走样。制造这种板材的方法就是利用胶将旋切得到的片状木材利用压力压合在一起，这样往复压合粘贴几层，并且保证相邻层单板纤维互相垂直，最终就能得到结实的胶合板了。另外，我们还会大量制造另外一种板材——碎料板或压缩木料。这种板材的制造方法就是把细碎的木头碎料混合上胶利用热力压合在一起。这些细碎的木头碎料就是我们在刨制或锯切木头时留下的刨花及锯末。有些再造木材甚至能够防水，这是因为它们在压合完成后被浸渍过防水材料。

胶合板

利用旋切法切削下来的木材一般会用于制作木质包装（如卡门贝尔干酪的外包装、小木条箱等），我们常用的火柴也是利用这种大片的木材制作的。

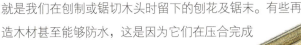

用木材建造房屋

很久以来，树木就是人们建造房屋及各种建筑物的主要材料。如今，我们已经很少利用木头进行建筑活动了，而是使用更加坚实牢固且不易着火的水泥材料。

面对地震

木质框架结构的房屋是北美洲人民于19世纪创造出来的，主要是为了对抗当地频发的地震灾害。这种房屋的建造理念来源于中世纪的木质民居。这种木质框架房屋的墙壁为木筋墙。构成木筋墙的木架并非粗大的木结构，而是质地较为轻盈且间距极近的木板条。平行于地面的搁栅就是支承地板、楼板或天花板的梁，而檩条则是支撑次要屋椽的结构部件。这种木质框架结构房屋有时会有许多层，其房基为水泥质地。当发生地震的时候，如1995年日本神户大地震中，这类房屋比纯水泥或传统的全木质房屋的抗震能力更好。木质框架结构在法国比较少见，而在加拿大则更为普遍一些。

多层胶合木

对于这种特殊木材的构想源于19世纪的法国，不过真正的多层胶合木是在20世纪时在德国才诞生的。制造这种板材的方法是一层层地把呈薄片的木板贴合压紧令其整体达到十余米的厚度。这种材质相比较于其他材料来说质地较为轻盈，而强度却并不逊色，并且它还不易起火。

木质框架结构房屋建造三步法：
1 将木质框架结构房屋（木筋墙ⓐ、搁栅ⓑ和檩条ⓒ）固定在房基上。
2 将木纤维板ⓓ覆盖在房体表面。
3 在木纤维板外面再加装好房屋隔板ⓔ和屋瓦ⓕ。

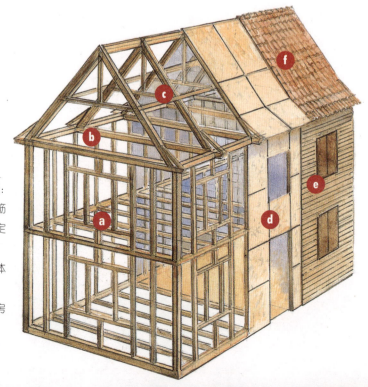

木材的选择

在欧洲，直到17世纪，大部分的房屋还都保留着一部分木质结构。如今的瑞士，大概90%的房屋都为木质结构，而在法国，人们也开始对这些材料重新加以审视利用。位于房屋内部及外部的木材不光只有装饰作用，它们还能起到隔热、隔音和支持屋体结构的作用。在建造木结构房屋的时候，我们只需使用那些预先在车间生产好的木纤维板材，这样便节省了大量用水，并且也无须利用大型机器。有一些木质房屋甚至是以拆装结构打包好成套出售的，购买者只要将成套的材料买回去自行组装就可以了。将木料与其他材料，如与水泥相结合的做法可以让最终获得的板材更加结实。另外，多层胶合木的制造技术还能够让我们得到极为厚实并且不会弯曲变形的建筑材料。一般在建造如体育场馆或仓库一类的大型建筑物时，我们经常会用到多层胶合木。

保温墙体

积木式建筑的建造方法起源于17世纪。人们会将劈好的块状木柴利用混合了沙子与锯末的石灰浆粘合堆砌在一起。这种建筑从外观上看起来和镶嵌画一样美丽，更值得一提的是，这种结构还可以有效地保持室内的温度。对积木式建筑的护理更是相当简单，只需每5年刷1层亚麻油就可以了。

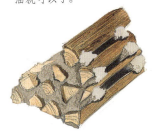

积木式建筑堆叠的块状木柴仅有边沿处会利用石灰浆进行粘合，中间的部分会形成一个个的空心结构。

得到认证的木材

在法国，当我们购买木制产品时，它们其中的一些会带有一个认证标志，表明制作这件产品的木材是来自于可持续管理林中的树木。也就是说，这片森林内的砍伐树木会被再植的树木替换上，其树木总量及林地面积都不会随着砍伐缩水。世界上主要存在两种有关林木的认证，其一为欧洲的森林认证计划（PEFC）认证；其二为森林管理委员会（FSC）认证，第二种认证一般主要适用于热带地区的森林。森林管理委员会的发起者是国际上一些希望阻止森林遭到不断破坏的非政府机构，这一机构有些类似世界自然基金会（WWF）和绿色和平组织（Greenpeace）。事实上，对热带雨林的无管理化开发利用就是对当地森林以及森林中的动植物群落的破坏。

万能的材料

世界上许多集大成的作品都是用木头打造的。当然，木头在我们的日常生活中也随处可见，我们离不开它们，可以说，利用木材制造物品的历史能追溯到史前时代。

从树木到葡萄酒

绝妙佳酿之所以能够如此味美的奥秘所在就在于盛放它们的大木桶。用于盛酒的橡木桶能够带给葡萄佳酿以醇厚的林木清香、剔透的琥珀色以及适口的粗涩感。制作一只橡木酒桶需要五立方米的橡木木材。所以说，酒桶制造商也是高品质橡木木材的大宗消费者。产自法国的橡木与来自美洲或东部国家橡木之间的竞争极为激烈。为了直面这种激烈的竞争，有关于酒桶橡木板材来源地的认证标准出台了。另外，法国西南地区有柄橡木的标签品牌设立工作也在进行中。

奇奇怪怪的树皮

栓皮栎外表的木栓层特别厚，一般被人们用于制造葡萄酒木塞或是制作绝缘、隔热、隔音层。对栓皮栎的砍伐早在1950年就已经停止了，取而代之的是一种新型方法。每10~20年，人们会将其表面开裂及不规则的栓皮剥去。被剥去这头层栓皮的树木之后还会生长出质量更好的栓皮层，我们称之为"母栓皮"，这层皮层最终会被人们小心地剥取下来。

木质玩具

在人类发明塑料之前，差不多所有的玩具都是用木头制造的。如今，虽然用木头制造的玩具越来越少了，但是人们还是一样喜

如何制作橡木酒桶

首先，利用水力切割机将整块橡木木材切割成一块块的橡木板。

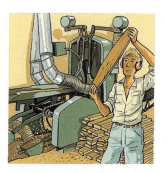

橡木板之后会被加工成中间宽两头略窄的木桶板。

加工完成的木桶板会被人们用临时的铁箍箍住。

欢它们。法国的木制玩具生产主要分布在汝拉地区，人们会用山毛榉木以及各种针叶树的木材制造各种类型的玩具。

> 我也想成为小提琴啊！

现代燃料

　　树木不光可以制造物品，建造房屋，它还是可再生能源中的一员，这点可与石油完全不同。用木头充当燃料这一做法甚至还被环境保护与能源管理局所大力支持。这一组织为此还颁布了相关认证标准，即"燃料木材"认证标准，旨在保证用于供能木材的质量。通过这一认证的木料都相当干燥，所以，与那些不够干燥的木材相比，前者的使用量能减少30%左右。环境保护与能源管理局还会帮助人们进行燃木锅炉房的建造，这些锅炉房可以为大型建筑，甚至是整条街的住户进行供暖。而在这些锅炉房中充当燃料的则是被轧碎成小片的木材。

熊熊烈火

　　能源木材主要用来供给人们热能或电力。法国人4%的能源均来自于能源木材。大约600万户的家庭都靠木材所带来的热能进行取暖。用于供热的能源木材中80%为圆木柴，剩下的20%则是砍伐树木时的木头碎片或是锯割木头时掉落的锯末。

从缺陷到杰作

　　树木的某些缺陷有时候也是美丽且有用的。比如在制造小提琴底壳或小提琴琴腹的时候，我们正是利用了欧亚槭树木质纤维的畸变，因为与其他树木相比，它并不是笔直的，而是弯曲的，正巧小提琴的琴腹也是有弧度的。另外，有一些细木镶嵌的居室装饰画也显得十分古怪。这种不正常的装饰物主要是由树顶丛生的幼芽引起的，它们会在树木上形成巨大的木瘤，从此处切割下的木片带有不规则的纹理，被人们称为影木。

被箍好的木桶会被放在火上进行加热，这是为了让其形成最终的弧度。

橡木桶的端板是一片片用钉子钉起来的橡木板，之后还会被打磨成圆形。

经过最终箍制的木桶最后会被加装上端板。

从树木到纸张

去皮

造纸术是中国人在公元前105年发明的。可以说,纸张是人类信息记载的最卓越方式,它不光质地轻盈而且还可以长期保存。

造纸的配方

要想造纸当然少不了原木材料,首先我们会将木材的外皮剥掉;然后再将整块木材切削成木碎。这些木碎在被转化为木浆之前会先在100℃的沸水中进行漂洗加热。随后得到的纸浆还会经过高浓度的过氧化氢漂白或是利用其他化学染料进行染色。经过如上处理的纸浆会被倾倒在一张很大的金属网布上来控干水分。沥干水分的纸张之后还需经过一道道的滚轮进行压榨与烘干;最后还会有卷纸机将成品纸幅卷成巨大的纸卷。

碎渣

纸浆

纸浆的制造方法有两种,一种为机械制造法,也就是通过机械的研磨作用将木头转化为细碎的纤维;另外一种则是化学制造法,也就是利用某种能与原料中所含木素发生选择性化学反应的化学药剂脱除大部分木素,从而保留下纤维。一般来说,利用机械造浆法制出的纸浆适合制造报纸或书籍用纸,而利用化学造浆法制出的纸浆则适合制造包装用纸、簿本用纸以及印刷用纸。

煮制　　净化过滤　　漂白　　碎浆

纸张上的标识

如果纸张上印有一个小树标志,这就代表制造这种纸的纸浆纤维来自于废旧纸张,也就是说这种纸是再生纸。有时候我们会在许多产品的纸质包装上看到一个圆形的双箭头标志,这代表生产制造这一产品的企业已经缴付了相应税款。这笔款项是为一个名叫生态包装的公司进行包装筛选和再生利用流程提供资金支持的。当今法国将近1/2的包装都是再生制造的。不过,法国人每人每年要丢弃150公斤的包装呢,所以我们的纸品再生利用力度还是远远不够的。

脱去包装的产品　　　　产品包装

可再生的材料

　　随着时代的发展，人们的用纸量越来越多，因为我们常会利用电脑进行文件打印或复印。2004年，法国在这一年当中的纸张及纸板消耗量就达到了1100万吨。所以，对这些纸张进行循环再生利用就成了当务之急，同时也是最佳的环保措施。因为，利用废旧纸张进行再生纸制造的做法可以大大减少森林的砍伐量，降低能源使用，制造再生纸过程中用到的水是正常造纸时用水的1/6。不过，废旧纸张的脱墨流程需要利用大量氯元素，这无疑是对环境的致命污染。此外，废旧纸张中夹杂了越来越多的塑料纸，这也使得废弃纸张的再生制造陷入困境。理论上来说，废弃纸张百分之百都能被打造成再生纸。但是，事实上在法国每年只有58%的回收纸张被加工成了再生纸，其余450吨的废纸仍然被我们烧掉了。

仅仅诉诸再生也是不够的

　　产品的包装制造确实是对木材这类原材料的浪费，但是还不至于危害到森林覆盖率。废弃包装的收集工作是之后再生工作的先决条件。但是，这些都会额外对环境造成更大的污染，因为收集起来的包装也会利用交通方式运送到目的地。所以说，仅仅诉诸废旧包装纸再生并不是根本的解决办法，我们必须尽可能地减少包装的使用量。

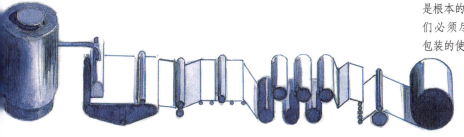

净化过滤　　　纸浆倾倒　　　压制　　　干燥　　　卷制

现代化的造纸机器一个个都是庞然大物，整条造纸流水线连起来甚至能够达到100米长，造出的纸张可以达到8米宽！并且，这些机器的速度也是飞快至极，1分钟就能造出好几千米的纸张。利用现代化造纸机流水线，我们每天能够生产出100吨的纸张呢。

生活在婆罗洲北部的比南族人眼睁睁地看着他们赖以生存的大片森林被机器伐倒。

高危人群

生活在亚马孙地区的亚诺玛米人，婆罗洲的比南族人还有生活在其他地区的一些土著居民数千年来都与森林保持着和谐的关系。但是，现代人对热带雨林的开发使他们赖以生存的环境越来越小，这些土著居民们的生存由此受到了严重威胁。

西方人的文明发展史始终与森林密不可分。如今，他们的一些开发活动却是对热带雨林的破坏。如果人们失去了森林，那么整个人类的未来都岌岌可危。所以，我们必须从现在行动起来对其加以保护。

森林的消失

地球上热带雨林的面积每年都在因为人类的过度砍伐及大面积伐林造田而减少，并且，每年消失的森林面积相当于法国国土面积的1/3。世界上的发达国家对此绝对脱不了干系，因为正是他们从热带国家购买大量的木材来进行建筑建造。

植物药品

居住在热带雨林深处的土著居民们祖祖辈辈都懂得如何利用那些破土而出的植物进行疾病治疗。世界上的一些药剂实验室于是也开始对那些有药效的植物进行研究。科学家们从植物中提取出来相关物质进行测试。另外，欧洲一些植物的功效也让人们大吃一惊。比如1994年在紫杉中发现的紫杉醇就对某些癌症的治疗有极好的效果。

森林的未来

对原始森林的破坏与过度开发会给地球以及人类带来极大的危害，失去森林覆盖的土地要么会被洪水侵袭，要么会干旱得皲裂成块，当地的局部气候也会失去规律，原本生活在森林中的动物及植物物种更会变少或彻底消失，并且，居住在森林中的土著居民们的生活也会受到威胁。虽然人们也在利用补种林地的方法进行补救，但是这些林地中的树木不过只有1~2种，在植物多样性方面极为匮乏。

救救树木与森林

国际自然及自然资源保护联盟，这一组织的建立旨在保证各种动植物资源免受损害，维护生态平衡。在它的协助下，人们已经起草了许多对濒危物种管理或禁止濒危物种买卖的国际化公约，比如对智利南洋杉这一岌岌可危物种的保护公约。在世界范围内，人们更是开设了专门针对森林的生物保护区对那些濒危且稀有的物种进行保护。此外，众多苗园也与大型植物园携起手来共同保护及种植那些濒于消失的植物。值得一提的是，虽然人们现在仍然在进行森林开发，但是我们所采取的方式已经是一种可持续化的森林管理方式了。

为了防止荒漠化，居住在非洲肯尼亚的妇女们在30年的时间里种植了大约3500万棵树木。之所以这片地区能够成功摆脱荒漠化的厄运，主要和当地居民们自觉自愿的植树行动以及他们对树木的精心呵护分不开。正是由于他们的辛勤劳动，一片崭新的森林诞生了。

固有观念

由于人类的工业活动和密集的交通运输，大气中的二氧化碳越来越多。这种气体的增多会给地球带来温室效应，致使全球温度不断升高。不过，同人们脑中的固有观念不同，事实上海洋吸收二氧化碳的作用要比森林强很多，不过，我们还是离不开森林的。

法国的 30 种树木

绿色的王国，
令人眩晕的国度，风儿的天堂。
一片迷宫
充斥着微风
与呢喃细语。
可它不过是一棵树而已。

雅克·拉卡里埃
《树荫下的国度》

法国的 30 种树木

- 🔵 本地树木
- 🔵 异国树木
- 🟡 常用木材树木
- 🟢 罕用木材树木

① 治疝花楸树

② 林白芷

⑦ 有柄橡树

⑧ 红橡树

⑨ 无柄橡树

⑩ 日本柳杉

⑮ 山毛榉

⑯ 紫衫

⑰ 大叶桃花心木

⑱ 落叶松

㉓ 阿勒颇松树

㉔ 海岸松树

㉕ 南欧黑松

㉖ 欧洲赤松

树木身份信息

　　以下会向大家介绍 30 种法国及其海外省较为常见的树木（紫衫除外）。这些树木中有些是人为栽种的，有些则是在森林中自然生长并被人类砍伐利用的。不过，这些树木中也有一些是受到人们保护且禁止进行砍伐的，比如紫衫。人们区分树种的方式多种多样。冬季时，我们会通过对树木细枝、叶芽以及树皮的观察进行树种区分。夏天时我们则会观察它们的叶子、花朵和果实。

　　如下这些树种的标注说明：
- 如果此树种为阔叶树，那么会在后面标注上"阔"，如果是针叶树，则标注为"针"。
- 高度和寿命：我们在这里所标注的树木最高高度和最长寿命都是脱离森林环境后对活体树木进行观测后记录下来的。而对于那些异国树木来说，我们所做测量的也都是移植到法国或法国海外省的同种树木。

治疝花楸树（阔）

寿命： 100 年　　　　　　　　**高度：** 20 米

　　花楸树是种生活在平原地区的果树，喜爱炎热的环境。这种树木所结的果实叫作花楸，所以我们便用其果实的名字为树木来命名。生长在森林中的花楸树群一般都会与其他树种保持一些距离。花楸树会生长出许多根蘖，但是这些根蘖的发育并不好。人们一般会用它红色的木头制作家具或钢琴外表的贴片。

林白芷（阔）

寿命： 200 年以上　　　　　　**高度：** 45 米

　　林白芷这种树又被称作圭亚那柚木，因为这一树种正是圭亚那地区多植的一个树木品种。林白芷的树体高度极高，只有这样它们才能在位于赤道的热带雨林中获取到充足的阳光。这种树木的木质不易腐坏，人们一般会将其切割成片或进行旋切。林白芷木经常会被用在细木制品加工中，或是被制成漂亮的木地板和楼梯。

欧洲桤木（阔）

寿命：100 年　　　　　　　　　　　　**高度**：20 米

　　桤木非常喜欢生长在水流旁陡峭的河岸上。它的果实呈小小的球形，内里包裹着有翼瓣的种子。桤木的木质结构呈深橙色，并且不易腐坏，所以以前的人们才会用它来进行桥梁制造或水渠开辟。如今我们会把桤木当作房体外的隔板或是用其模仿名贵木材制造家具。

千金榆（阔）

寿命：150 年以上　　　　　　　　　　**高度**：25 米

　　千金榆的生长速度较为缓慢，并且不怕阴暗的环境。这种树木的树干微微带有弧度，木质呈白色。以前的人们乐于用它制造工具，因为千金榆的木质带有消毒特性，所以人们特别喜欢用它制造成肉案。另外，它的质地也相当坚硬，如今常被人们加工制造成压缩木料。

栗树（阔）

寿命：300 年以上　　　　　　　　　　**高度**：30 米

　　栗树喜欢炎热且光线充足的环境。人们对其进行种植的目的很大一部分都是为了获得它的果实——栗子。这些棕色的家伙都被包裹在长着尖刺的壳斗里。如今，栗树经常会受到真菌病害的侵袭。栗树树干又硬又结实，适合制造短桩、地板、墙裙及家具。

栓皮栎（阔）

寿命：300 年以上　　　　　　　　　　**高度**：20 米

　　之所以被称为栓皮栎，顾名思义，是因为这种树的外表能够产出大量栓皮。栓皮栎生长在地中海一带，喜欢高温，惧怕寒冷，它的叶子四季常青。人们经常利用这种树的栓皮制造葡萄酒瓶塞以及隔热、隔音板。

有柄橡树（阔）

寿命：500 年以上   **高度**：40 米

有柄橡树喜欢生活在土质潮湿的地方，如若环境过于干燥则生长不好。这种橡树不太习惯与其他树木靠近生长。有柄橡树与无柄橡树很像，但是它们的区别就是有柄橡树的橡果长着长长的果柄。人们经常用有柄橡树的木头制造橡木酒桶，并且它也是极好的燃料。

红橡树（阔）

寿命：200 年以上   **高度**：40 米

之所以被称为红橡树，是因为这种树的叶子在秋天会变成深红色。红橡树的原产地是美国东部，18 世纪被引入欧洲的大型公园，20 世纪时在欧洲的森林中进行种植。红橡树的生长速度很快，一般人们会用它的种子进行直接种植繁育。红橡木则会被用来进行高级家具制造或是细木工艺加工。

无柄橡树（阔）

寿命：500 年以上   **高度**：40 米

这种橡树结出的橡果没有果柄，所以被称作无柄橡树。有时候也有人把这种树叫作英国栎。无柄橡树在贫瘠的土地上也能生长，在这种橡树与有柄橡树之前还存在着许多不同外形的橡树变体。无柄橡树的木头一般会被用来制造橡木酒桶、家具贴面、高级家具、房屋框架，另外，它也是极好的燃料。

日本柳杉（针）

寿命：200 年以上   **高度**：40 米

这种树木的原产地为日本和中国，19 世纪时被引入留尼汪岛，单独种植在仅供这一个树种生长的园地里。日本柳杉需要极多水分，并且喜欢较温和的气候。此种树木的木头呈略带粉红的黄棕色，质地轻盈，可以被用来进行细木工制品的打造、房屋建造以及物品木质包装制造。

黄杉（针）

寿命：200 年以上　　　　　　　　**高度**：60 米

　　这种针叶树原产自美国，1827 年时被引入欧洲。黄杉是法国种植面积最大的针叶树之一。其生长速度很快。黄杉的木头很重并且坚实得很，可以用来搭建房屋框架、进行细木工制品的制作，也可以制作木箱或压制成胶合板。

⑪

欧洲云杉（针）

寿命：200 年以上　　　　　　　　**高度**：55 米

　　云杉在山地地区可以进行天然生长。如今的许多云杉都被种植在平原地区，而它也正是法国在圣诞节时常被用到的圣诞树。这种树木所结出的球果在完全成熟时会垂坠下来，这点与其他杉树大不相同。欧洲云杉的根着地不深，所以在狂风来临时相当脆弱。人们会利用这种树木的木头制造弦乐器或搭建房屋框架。

⑫

槭树（阔）

寿命：300 年以上　　　　　　　　**高度**：30 米

　　槭树在法国十分常见。年龄尚轻的槭树能够在较为阴暗的环境中生长。这种树长势很快，蜜蜂们非常喜欢采槭树花朵的花蜜和花粉。槭树的种子能够自由随风飘落在距离母树很远的地方，因为它们就好像小飞机一样带有侧翼。槭树的木头很硬，呈珍珠白色，有时候会被人们染上颜色模仿胡桃木或乌木。我们一般会利用它进行家居贴面、弦乐制造或是高级家具制造。

⑬

欧洲白蜡树（阔）

寿命：200 年以上　　　　　　　　**高度**：40 米

　　欧洲白蜡树极不适应竞争环境。它的叶子是家畜们良好的饲料。另外，欧洲白蜡树的木质呈奶白色，质地较软，加工出来的木质工具能够很好地化解吸收震击力。有时候人们会在其表面涂上不规则的橄榄色进行家居贴片制造。

⑭

山毛榉（阔）

寿命：250 年以上　　　　　　　　**高度**：40 米

  青年时期的山毛榉可以在背光地段进行生长。由于这种树的枝叶相当密集，所以当你置身于山毛榉树林中时会有种遮天蔽日的感觉。法国的山毛榉树很多，它们所结的果实被叫作山毛榉果，十分干燥，是野猪以及鹿等动物的美食。山毛榉的木质白里透粉，极易进行旋切，是制作细木工制品的良好木材。

15

紫杉（针）

寿命：1000 年以上　　　　　　　**高度**：25 米

  法国的紫杉树十分罕见。这种树木的果实呈剔透的红色，其中包裹着它的种子。紫杉树全身有毒，由于经常有动物啃食它的叶子或其他部分，所以人们为了避免动物死亡就会将紫杉树砍伐掉。不过如今的人们已经开始对这一稀有物种进行保护了。紫杉树喜欢生长在背阴且潮湿的地方，它们的生长速度很慢，紫杉木木质结构结实，且装饰性很强，常被用来打造高级家具，进行细木镶嵌或制作成雕刻艺术品。

16

大叶桃花心木（阔）

寿命：200 年以上　　　　　　　　**高度**：40 米

  大叶桃花心木从墨西哥到玻利维亚一带都广有分布，19 世纪的时候被引入马提尼克岛。种植这种树的目的主要是为了填补受损空缺的森林覆盖。这种树木木头的颜色为浅粉棕色，一般会被人们用来制造船只或是打造乐器。

17

落叶松（针）

寿命：300 年以上　　　　　　　　**高度**：40 米

  落叶松生长在阿尔卑斯山一带，其生长地区的最高海拔能达到 2400 米之高。由于其根系植根很深，所以落叶松能够抵挡住极强的狂风。之所以被命名为落叶松，是因为它是松树家族里唯一一个每年冬天都会落叶的成员。落叶松的木质为橙红色，十分结实，可以制成木质房屋顶上的盖板或是安置在户外的座椅桌子。有时候人们也会用落叶松的木头搭建房屋框架。

18

野樱桃树（阔）

寿命：100 年以上　　　　　　　　　**高度**：30 米

　　野樱桃树的分布较为普遍，一般在一些相对孤立的森林中可以见到它的身影。野樱桃树的果实是鸟类极喜爱的食物之一，并且人类也会对其进行采摘食用。野樱桃树是许多樱桃树种的鼻祖。它的木头可以被用来制造高级家具、弦乐器或木质玩具。

胡桃树（阔）

寿命：300 年以上　　　　　　　　　**高度**：25 米

　　胡桃树在各地都能见到，这种树会在位于河流边缘的某些森林里自发生长。它们喜欢温和的环境，惧怕严寒。胡桃树是每年最晚生叶且最晚落叶的树木。它们的果实长出后都被包覆在青果皮中，而这层青色的果皮是一种相当不错的染料。胡桃木一般会被我们用来打制高级家具或进行雕刻。

山地榆树（阔）

寿命：300 年以上　　　　　　　　　**高度**：40 米

　　正如其名，山地榆树的生长环境位于法国东部地区海拔 1800 米的山地。相比较于小叶榆树来说，山地榆树的叶子更加宽大。这种树的木质坚硬，极易进行抛光或染色，由于有着漂亮的纹理和颜色，山地榆树的木头经常被我们用来制作高级家具、镶嵌细工工艺品以及弦乐器。

意大利 214 杨树（阔）

寿命：100 年以上　　　　　　　　　**高度**：30 米

　　事实上，意大利 214 杨树是一种雌性杨树。是通过克隆方式进行繁殖的树木之一，种植范围相当普遍。意大利 214 杨树的生长速度很快，其树干略带弯曲，经常被用来打造宽大的门板。其木质总体来说较为柔软，人们会利用它制作火柴、物品木质包装以及胶合板。

阿勒颇松树（针）

寿命：150 年以上　　　　　　　　　　**高度**：25 米

阿勒颇松树又被称作地中海松树，因为它广泛地分布在地中海盆地的石质土壤上。阿勒颇松树极为易燃，但是，在经过燎原大火的烧灼后，它们却有能力生长得更加旺盛。阿勒颇松树的木头质量中等，一般会被用来打造木箱或单纯地当作燃料。

海岸松树（针）

寿命：200 年以上　　　　　　　　　　**高度**：30 米

海岸松树比较喜欢温暖或较热的生长环境。它的生长速度很快，是法国产量仅次于橡树的树木。人们以前经常利用它的叶子制造松节油。海岸松树的木头用处很多，可以制造地板、墙裙、细木工艺品、家具贴面、纤维板及纸张。

南欧黑松（针）

寿命：200 年以上　　　　　　　　　　**高度**：35 米

南欧黑松是 1834 年才被引入法国的。这种树极为耐旱，并且也不怕大气中的污染气体。它的木头经常被用来搭建房屋框架，制成结实的廊柱，美观的细木工制品与木箱。南欧黑松是人们在山地地区进行森林再造时较常种植的一种树木。

欧洲赤松（针）

寿命：250 年以上　　　　　　　　　　**高度**：35 米

欧洲赤松生活在山地，后来一段时期，因为欧洲赤松的树皮装饰性极强，所以人们曾在大型公园中对其进行种植，再之后则开始将种植规模扩展成林地，以利用其木材。欧洲赤松的针叶微微带有蓝色，树皮为赤褐色。它们对土壤的要求不高，但是在青年期的时候对光照的需求很高。欧洲赤松的木头主要会被用来制造家具贴面。

冷杉（针）

寿命：300 年以上　　　　　　　　**高度**：55 米

　　冷杉比较喜欢湿润的生长环境。与其他树木不同，冷杉在幼年时即使生长在成树的荫蔽下也丝毫没有问题。冷杉所结出的球果呈直立状，成熟后立刻脱落。它的根系相当冗长，所以无论多大的强风都无法将其吹倒。冷杉的木质部分呈白色，主要被用来制造细木工制品，有时候也会被用来搭建房屋框架或造纸。

㉗

异形叶金合欢（高地罗望子）（阔）

寿命：300 年以上　　　　　　　　**高度**：40 米

　　这种树木只有在留尼汪岛才能看到，算是当地的地方性树种。异形叶金合欢的生长海拔较高，并且对光照要求很高。它的根系植根较浅，所以不太抗风。异形叶金合欢有两种类型的叶子。其木质呈美丽的黄棕色或橙棕色，主要被用来打造高级家具。

㉘

阔叶椴树（阔）

寿命：500 年以上　　　　　　　　**高度**：40 米

　　阔叶椴树在法国东部和山区都相当常见。它的花可以被制成镇定剂，并且，蜜蜂也十分喜欢采食它的花蜜。阔叶椴树的木头质地较软，极易雕刻。一般人们会利用其制造铅笔、玩具、纤维板或家具。

㉙

欧洲山杨（阔）

寿命：120 年以上　　　　　　　　**高度**：40 米

　　欧洲山杨的叶子只需一点微风就会掉落。其分布面积很广，不过在地中海沿岸少有种植。欧洲山杨对光照的需要较高，所以它们比较喜欢在较为空旷的林地中生长。它的木头可以被用来制作火柴，或是搅打成优质纸浆，也可以被用来制成木质包装或墙壁护板。

㉚

版权登记号：01-2015-0317

图书在版编目（CIP）数据

不可思议的树木/（法）罗斯著；（法）塞里杰，（法）汝松，（法）雷绘；赵然译.—北京：现代出版社，2016.6
（奇妙的自然系列）
ISBN 978-7-5143-4197-3

Ⅰ.①不… Ⅱ.①罗…②塞…③汝…④雷…⑤赵… Ⅲ.①树木—少儿读物 Ⅳ.① S718.4-49

中国版本图书馆 CIP 数据核字（2016）第 067418 号

Copyright ©Gulf Stream Editeurs 2005 (for Des arbres)
Simplified Chinese rights are arranged by Ye ZHANG Agency (www.ye-zhang.com)

奇妙的自然系列　不可思议的树木

作　　者	[法] 奥利维埃·罗斯
绘　　者	[法] 艾玛纽埃尔·塞里杰　等
译　　者	赵　然
责任编辑	王　倩
出版发行	现代出版社
通讯地址	北京市安定门外安华里 504 号
邮政编码	100011
电　　话	010-64267325　64245264（传真）
网　　址	www.1980xd.com
电子邮箱	xiandai@vip.sina.com
印　　刷	北京瑞禾彩色印刷有限公司
开　　本	710mm×1000mm　1/16
印　　张	4
版　　次	2016 年 6 月第 1 版　2016 年 6 月第 1 次印刷
书　　号	ISBN 978-7-5143-4197-3
定　　价	24.80 元

版权所有，翻印必究；未经许可，不得转载